essentials

Essentials liefern aktuelles Wissen in konzentrierter Form. Die Essenz dessen, worauf es als „State-of-the-Art" in der gegenwärtigen Fachdiskussion oder in der Praxis ankommt. Essentials informieren schnell, unkompliziert und verständlich.

- als Einführung in ein aktuelles Thema aus Ihrem Fachgebiet
- als Einstieg in ein für Sie noch unbekanntes Themenfeld
- als Einblick, um zum Thema mitreden zu können.

Die Bücher in elektronischer und gedruckter Form bringen das Expertenwissen von Springer-Fachautoren kompakt zur Darstellung. Sie sind besonders für die Nutzung als eBook auf Tablet-PCs, eBook-Readern und Smartphones geeignet.

Essentials: Wissensbausteine aus den Wirtschafts, Sozial- und Geisteswissenschaften, aus Technik und Naturwissenschaften sowie aus Medizin, Psychologie und Gesundheitsberufen. Von renommierten Autoren aller Springer-Verlagsmarken.

Rolf Theodor Borlinghaus

Unbegrenzte Lichtmikroskopie

Über Auflösung und Super-Hochauflösung und die Frage, ob man Moleküle sehen kann

Dr. rer. nat. Rolf Theodor Borlinghaus
Sinsheim-Eschelbach
Deutschland

ISSN 2197-6708   ISSN 2197-6716 (electronic)
essentials
ISBN 978-3-658-09873-5   ISBN 978-3-658-09874-2 (eBook)
DOI 10.1007/978-3-658-09874-2

Die Deutsche Nationalbibliothek verzeichnet diese Publikation in der Deutschen Nationalbibliografie; detaillierte bibliografische Daten sind im Internet über http://dnb.d-nb.de abrufbar.

Springer Spektrum

Gedruckt auf säurefreiem und chlorfrei gebleichtem Papier

Springer Fachmedien Wiesbaden ist Teil der Fachverlagsgruppe Springer Science+Business Media
(www.springer.com)

Was Sie in diesem Essential finden können

- Eine Einführung zu den Grenzen der klassischen Lichtmikroskopie.
- Wie man aus einzelnen Molekülbildern ein ganzes Bild malen kann.
- Weniger ist mehr: Warum es hilft, angeregte Moleküle zu löschen, bevor sie sichtbar werden.

Vorwort

Das menschliche Auge ist das Ergebnis evolutionärer Entwicklungen von einigen 100 Mio. Jahren. Die Größe der Pupille, die Adaptationsfähigkeit der Linse und die Sensordichte auf der Netzhaut bestimmen, wie genau wir Details wahrnehmen können. Das Auge ist ein ganz großartiges und bewundernswertes Instrument, aber unsere optische Erkenntnisfähigkeit endet bei Strukturen von etwa 1/10 mm. Mehr brauchte man auch nicht, um im Alltag zu überleben – jedenfalls nicht im Alltag vor der Renaissance.

Optische Sehhilfen sind heute aus unserem Leben nicht mehr wegzudenken, ob es nun die Brille für die nachlassende Lesefähigkeit oder die Kamera am mobilen Telefon ist, wir trauen unseren Augen nicht mehr so ohne weiteres. In der Forschung hat sich das Lichtmikroskop als Sehhilfe in den letzten 200 Jahren immer unentbehrlicher gemacht, und es wurde viel darüber nachgedacht, bis zu welchen Strukturgrößen man mit solchen Geräten vordringen kann. Seit Mitte des 19. Jahrhunderts kennt man die Grenzen der optischen Auflösung in Lichtmikroskopen: 0,2 µm. Bald wurde die These, dass diese Größe mit einem Lichtmikroskop nicht unterschritten werden kann, zu einem Dogma und mit einer grundsätzlichen Grenze verwechselt, die durch „lichtgetriebene" Geräte nicht passierbar sei. Mit anderen Geräten, etwa mit Elektronenmikroskopen, kann man noch viel kleinere Dinge erkennen, nochmals um tausendmal kleiner. Aber das ist eben nicht mehr Lichtmikroskopie.

Der Nobelpreis für Chemie 2014 wurde genau dafür vergeben: Die Grenze der optischen Auflösung wurde unterschritten. Das hört sich zunächst nach einem Widerspruch in sich an: Dann war es wohl doch nicht die Grenze? Bei genauerem Hinsehen wird die Lösung klar: Die optische Auflösungsgrenze der klassischen Mikroskopie bleibt, wo sie ist, aber es gibt pfiffige Methoden, die unter bestimmten Bedingungen mit dem Lichtmikroskop als Hilfswerkzeug noch viel kleinere Details „sichtbar" machen können.

In diesem Büchlein wird zunächst Licht in die Diskussion zur Auflösung der klassischen Mikroskopie gebracht. Anschließend sollen zwei Methoden verständlich dargestellt werden, die „superhochaufgelöste" Mikroskopie ermöglichen. Eben jene, die mit dem Nobelpreis gewürdigt wurden.

Rolf T Borlinghaus

Inhaltsverzeichnis

Über den Autor

Rolf T Borlinghaus wurde 1988 bei Prof. Dr. Peter Läuger am Institut für Biophysik in Konstanz promoviert und bekleidet heute eine Teilzeit-Position bei Leica Microsystems CMS in Mannheim als Senior Scientist. Daneben betätigt er sich als freier Autor, Feldbotaniker und Lebenskünstler.

Einleitung

Die Auflösungsgrenze klassischer Lichtmikroskopie liegt bei etwa 1/5000 mm (200 nm). Die Elektronenmikroskopie erlaubt zwar deutlich höhere Auflösungen, ist dabei aber nicht mit lebendem Präparat vereinbar. Spezifische Markierungen sind auch nur in ganz geringem Umfang möglich – im Gegensatz zur Fluoreszenzmikroskopie. Deshalb gab es gute Gründe, nach Wegen zu suchen, wie man mit Licht dennoch sehr hohe Auflösung bekommen kann.

1.1 Die Auflösung des klassischen Lichtmikroskopes

- Anschauliche Herleitung der Formel von Ernst Abbe und Hermann Helmholtz
- Überlegungen über leuchtende Punkte von Rayleigh und anderen
- Beschreibung eines einfachen Messverfahrens: die Halbwertsbreite
- Zusammenfassung in einer Auflösungsgrenze

1.2 Superauflösung durch Positionsbestimmung von Einzelmolekülen

- Verfahren zur Darstellung einzelner Moleküle
- Positionsbestimmung aus der Punktverwaschungsfunktion
- Überlagerung sehr vieler Koordinaten zum fertigen Bild
- Grenzen der Lokalisierungsmikroskopie

© Springer Fachmedien Wiesbaden 2016
R. T. Borlinghaus, *Unbegrenzte Lichtmikroskopie,* essentials,
DOI 10.1007/978-3-658-09874-2_1

1.3   Superauflösung durch Verkleinerung des „Lichtfingers"

- Stimulierte Emission
- Punktverwaschungsfunktionen unterschiedlicher Art
- Überlagerung der Beugungsbilder von Anregung und Fluoreszenzlöschung
- Vorteile der STED-Mikroskopie.

Was ist Auflösung? 2

Das Mikroskop – ein Gerät, das uns erlaubt, Dinge zu sehen, die für das bloße Auge zu klein sind – soll vor allem vergrößern. Dazu werden Glaslinsen von geeigneter Brechkraft verwendet. Zu Beginn waren das einzelne Linsen, die man als Lupe bezeichnet. Heute sind Lichtmikroskope „zusammengesetzt". Im Wesentlichen werden dabei zwei optische Vergrößerungseinheiten zusammengeschaltet: das Objektiv (auf der Objekt-Seite), das ein Zwischenbild erzeugt, und das Okular (auf der Augen-Seite), das dieses Zwischenbild als Lupe nochmals vergrößert. Übliche Gesamtleistungen liegen bei 50 … 1500-facher Vergrößerung. Es gibt nun außer der technischen Realisierbarkeit keine Grenze für die Vergrößerungsleistung optischer Systeme. Warum also nicht 100.000-fach vergrößern mit Lichtmikroskopen?

Der Grund liegt darin, dass man gar nicht an bloßer Vergrößerung interessiert ist. Ein Buchstabe von fünf Millimeter Größe ist bequem als solcher mit dem Auge zu erkennen. Es würde die Wahrnehmung nur erschweren, würde man diesen Buchstaben auf fünfzig Meter Durchmesser aufblasen (ohne dabei ein paar Kilometer Abstand zu nehmen). Was wir wirklich sehen wollen, sind Details. Unterstrukturen und neue Einzelheiten sollen sich beim Vergrößern offenbaren. Nur ein Kriminalist würde Buchstaben mit dem Mikroskop untersuchen – um etwa charakteristische Konturen zu entdecken, die verraten, mit welchem Gerät der Buchstabe angefertigt wurde. Die Frage ist also: Bis zu welcher Detailgenauigkeit kann ein Lichtmikroskop vordringen? Gibt es hier eine Grenze, und wenn ja – wo liegt diese?

Wir sind gewohnt, wenigstens zweidimensional zu sehen. Was wir so direkt wahrnehmen, sind flächige Bilder. In solchen Bildern können wir von Auflösung sprechen, wenn zwei sehr kleine Objekte eben noch getrennt wahrgenommen werden. Das ist noch sehr vage formuliert: Was sind „sehr kleine Objekte" und was ist mit „eben noch getrennt" gemeint? Die Erläuterungen zur Auflösungsgrenze werden diese Ungenauigkeiten etwas einengen.

© Springer Fachmedien Wiesbaden 2016
R. T. Borlinghaus, *Unbegrenzte Lichtmikroskopie,* essentials,
DOI 10.1007/978-3-658-09874-2_2

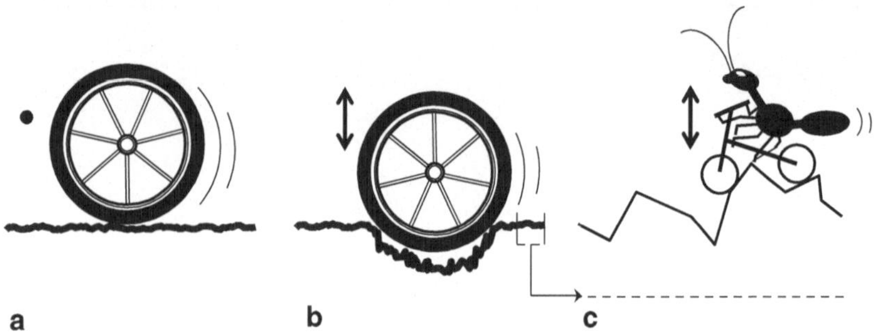

Abb. 2.1 Ein Autoreifen ist viel zu groß, um die feinen Oberflächenstrukturen eines (intakten) Straßenbelags zu spüren (**a**), Erst, wenn die Strukturen in derselben Größenordnung liegen, wie das etwa bei Schlaglöchern der Fall ist, kann das Rad diese Unebenheit auflösen (**b**), Um die Asphaltstruktur wahr zu nehmen, bedürfte es anderer Vehikel, etwa eines Fahrrades für Ameisen (**c**)

Statt simultan zwei Dimensionen wahrzunehmen, gibt es auch die Möglichkeit, Signale punktweise aufzuzeichnen und erst anschließend zu einem zweidimensionalen Bild zusammenzusetzen. Ganz grob ist das so, wie man Blindenschrift liest: Ein Finger (der Sensor) fährt Zeile für Zeile über die Seite und führt an jedem Punkt der Zeilen eine Messung durch. Das Ergebnis wird dann durch einen sinnvollen Gedankenzusammenhang interpretiert. So funktionieren auch Rastermikroskope. Um hier Auflösung zu verstehen, können wir ein etwas banales Beispiel aus dem Alltag verwenden. Nehmen wir an, Sie fahren mit Ihrem Auto auf einer neuen Autobahn. Sie werden keine Unebenheiten der Straße wahrnehmen. Dennoch wissen Sie, dass die Oberfläche des Asphaltes keineswegs spiegelglatt ist, sondern körnige Strukturen in der Größe von einigen Millimetern aufweist. Dass wir das nicht merken liegt daran, dass der Sensor, nämlich der Autoreifen mit etwa einem halben Meter Durchmesser viel größer ist, als die Oberflächenstruktur: Der Sensor ist viel zu grob. Das ändert sich schlagartig, wenn die Oberfläche Löcher aufweist, so etwa ab 20 cm (siehe auch Abb. 2.1). Plötzlich nehmen wir die Unebenheiten wahr: die unangenehme Erfahrung von Schlaglöchern. Die Oberflächenstrukturen haben nun eine Ausdehnung, die im Größenbereich des Sensors liegt.

In der klassischen Lichtmikroskopie liegt die Auflösung etwa bei 200 nm. Das ist etwa die Hälfte der Wellenlänge des Lichtes, das wir mit unseren Augen gerade noch wahrnehmen können. Die Wellenlänge, und damit die Farbe, ist also ein Maß für die Größe des Sensors in der optischen Mikroskopie. Sichtbares Licht hat Wellenlängen zwischen 400 nm (violett) und 700 nm (rot). Wie man dazu kommt, die Auflösungsgrenze bei der halben Wellenlänge anzusiedeln, wird im nächsten Kapitel beleuchtet.

Man kann nun berechtigt einwenden, dass es ja theoretisch keine Grenze für die Wellenlänge elektromagnetischer Strahlung gibt. Insbesondere nachdem Dirac gezeigt hat, dass auch jedem Teilchen eine Wellenlänge zugeordnet werden kann: je massereicher das Teilchen, um so kürzer seine Wellenlänge. Im Beispiel der Fahrbahnoberfläche wäre dann etwa ein Fahrrad für Ameisen ein Sensor, mit dem man die erwähnten feinen körnigen Oberflächenstrukturen wahrnehmen könnte. Das ist völlig korrekt. Ein Pendant zur Lichtmikroskopie ist die Elektronenmikroskopie. Dort werden Auflösungen von unter einem Nanometer erreicht. Aber es ist eben nicht mehr Lichtmikroskopie, und es gibt einige praktische Gründe, warum man in vielen Fällen die Elektronenmikroskopie nicht einsetzen kann und die Lichtmikroskopie weit überlegen ist. Ebenso, wie es Gründe gibt, statt eines Ameisenfahrrades doch lieber das Auto zu nehmen.

2.1 Textur und Gitter

Um etwas über Auflösungsgrenzen zu erfahren, müssen wir uns überlegen, was ein sehr kleines Objekt in einem Bild sein kann. Da ein Bild zweidimensional ist, liegt es nahe, eine dieser Dimensionen sehr klein zu machen. Im besten Falle sollte eine Dimension ganz verschwinden – was als theoretische Gedankenhilfe üblicherweise auch so angenommen wird. Wenn nur eine der beiden Dimensionen verschwindet, bleibt von dem Bild nur eine (unendlich dünne) Linie übrig. So eine Linie kann sehr komplex aussehen: mit allerlei Krümmungen und Überschneidungen. Wir vereinfachen weiter und nehmen nur gerade Linien. Geraden können sich dann nur noch durch ihre Lage und ihre Orientierung unterscheiden. Tatsächlich kann man nun aus solchen Geraden wieder ein komplettes Bild zusammenbauen. Die wahrnehmbare Textur in einem Bild ist eine Überlagerung sehr vieler einfacher Gitter mit unterschiedlichen Gitterabständen und in unterschiedlichen Richtungen. Die Frage nach der Auflösung ist nun die Frage, wie weit auseinander parallele Geraden liegen dürfen, damit sich nicht „verschwimmen", oder genauer: damit sich nicht fusionieren. Auflösung soll ja die eben noch getrennte Wahrnehmung zweier Objekte beschreiben. Da sich die Überlegungen für alle Orientierungen entsprechen, reicht es zu klären, wie nahe beieinander parallele Geraden einer Richtung liegen dürfen, damit sie aufgelöst, also getrennt werden können.

Ernst Abbe (1873) hat sich dieser Frage mit Experimenten genau dieser Art genähert. Er untersuchte, wie weit die Abstände der Linien in optischen Gittern sein dürfen, damit man sie im mikroskopischen Bild noch trennen kann. Dazu be-

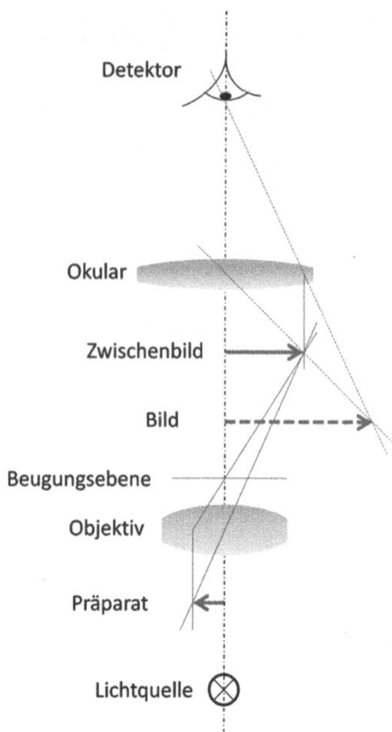

Abb. 2.2 Schematische Darstellung des zusammengesetzten Mikroskopes. Von unten nach oben findet man die Lichtquelle, die das Objekt beleuchtet (hier kleiner Pfeil). Das Objektiv sammelt das Licht aus der Probe. In der hinteren Brennebene des Objektives entsteht das Beugungsbild. Das Zwischenbild ist ein reelles, vergrößertes Bild des Objektes. Die weitere Vergrößerung erfolgt durch das Okular, das aus dem Lupenbild zusammen mit der Augenlinse ein weiteres Bild auf dem Detektor, hier der Netzhaut, erzeugt. Die Verhältnisse sind nicht maßstabsgetreu dargestellt.

trachtete er nicht nur das eigentliche Bild im Okular, sondern auch die Helligkeitsverteilung in der oberen Brennebene des Objektives. Als Brennebene bezeichnet man die Ebene senkrecht zur optischen Achse, in der sich der Brennpunkt befindet. Mikroskope waren Ende des 19. Jahrhunderts in der Regel als senkrechte Säulen gefertigt, wobei das Präparat auf der Unterseite lag und der Betrachter von oben hineinschaut. Deshalb heißt die bildseitige Brennebene die „obere", oder auch „hintere" Brennebene. In Abb. 2.2 ist der Strahlengang eines zusammengesetzten Mikroskopes aus der geometrischen Optik schematisch dargestellt. Wichtig ist die Abbildung des Objektives, da bei der Entstehung des Zwischenbildes entschieden wird, welche Details am Ende sichtbar gemacht werden können. Information, die im Zwischenbild nicht vorhanden ist, kann auch durch das Okular nicht mehr wiedergewonnen werden. Allerdings kann eine zu geringe Vergrößerung des Okulars auch zu Verlust der im Zwischenbild vorhandenen Information führen. Für die zweite Vergrößerungsstufe muss man deshalb eine „förderliche Vergrößerung" anstreben, die von den Eigenschaften des Detektors abhängt. Wenn diese deutlich überschritten wird, spricht man von „leerer Vergrößerung", wie bei den turmhohen Buchstaben, wenn man eigentlich nur ein Buch lesen will.

Abbe betrachtet nun die Wirkung solcher Proben, wenn sie durchleuchtet werden, also nicht, wenn etwas selbst leuchtet. Selbstleuchtende mikroskopische Objekte waren seinerzeit außerhalb dessen, was man sich als mikroskopisches Präparat vorstellen mochte. So schreibt er (Abbe 1880) in einer Replik gegen einen Beitrag, der seine Theorien falsifizieren sollte: „Dass es nun Objecte der letzteren Art wirklich giebt, wie auf alle Fälle doch die selbstleuchtenden Körper, … beschränkt allerdings das Gebiet der Anwendung meiner Theorie, obwohl diese Beschränkung für die Mikroskopie praktisch gleichgiltig bleibt, so lange es keine mikroskopischen Glühwürmchen giebt… ". Es waren dann wirklich die mikroskopischen Glühwürmchen, die eine deutliche Verbesserung der Auflösung möglich machten. Allerdings weder durch geometrische Optik noch durch Beugungseffekte, sondern durch Phänomene, die Ernst Abbe gänzlich unbekannt waren, wie wir später sehen werden.

Zurück zu Abbes Experimenten: Wenn kohärentes Licht auf eine gitterartige Probe fällt, dann kann man auf diese Situation die Wellenoptik anwenden. Dabei wird zunächst nur ein einziger Lichtpunkt als Lichtquelle betrachtet, damit die Kohärenz gegeben ist. Das mikroskopische Bild ist normalerweise eine Überlagerung aller Bilder, die jeweils durch Beleuchtung aus den vielen Punkten der ausgedehnten Quelle herrühren. Hier ist interessant, welche Interferenzmuster entstehen, wenn ein Gitter beleuchtet wird, und es ist aus der Wellenoptik bekannt, dass Licht sowohl direkt in Verlängerung des Beleuchtungsstrahles gemessen werden kann, aber zusätzlich auch in gleichmäßigen Abständen auf beiden Seiten dieses Strahles. Man nennt die zusätzlichen Strahlen Beugungsstrahlen „erster", „zweiter" Ordnung und so fort. Weil Physiker gerne elegant, aber manchmal etwas skurril formulieren, heißt der geradeaus gemessene Strahl der „Strahl nullter Ordnung". Dieser Zusammenhang ist in Abb. 2.3) dargestellt. Die erste Ordnung findet sich in einem Winkel ξ zur Achse:

$$\sin \xi = \frac{\lambda}{d} \tag{2.1}$$

Wobei λ die Wellenlänge des hier einfarbig angenommenen Lichtes und d der Abstand der Gitterlinien ist.

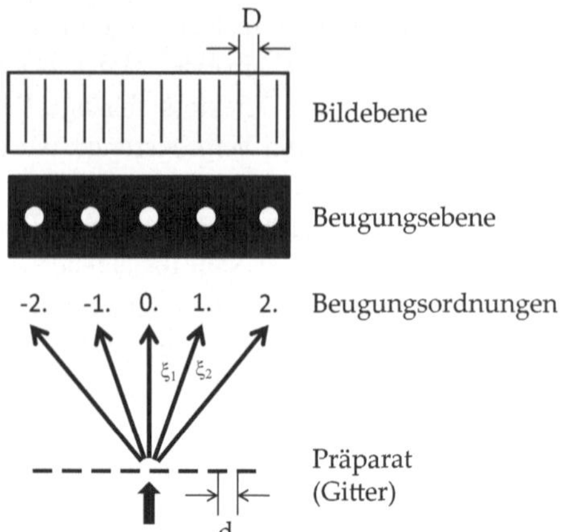

Abb. 2.3 Beugung am Gitter. Auf ein Gitter fallende Lichtstrahlen erzeugen ein Muster von Interferenzerscheinungen, das von der Wellenlänge des Lichtes (Farbe) und von der Periode (= Gitterkonstante d) des Gitters abhängig ist. Würde man einen Schirm in die Strahlen hinter dem Gitter stellen, bekäme man ein Muster von Punkten, das die verschiedenen Beugungsordnungen repräsentiert. Solch ein Muster kann man in der oberen Brennebene des Objektives beobachten, dargestellt durch die weißen Punkte auf schwarzem Grund. Alle Ordnungen können durch einen Beugungswinkel ξ_i beschrieben werden. Die Gitterstruktur ist im Zwischenbild (oberer Streifen) erkennbar

Das über dem Präparat befindliche Mikroskopobjektiv sammelt das Licht in einem Winkel, der Öffnungswinkel genannt wird. Für Berechnungen und für Typenangaben benutzt man üblicherweise den Winkel zwischen der optischen Achse und der größten Öffnung, also den halben Öffnungswinkel, der hier mit α bezeichnet ist. Oft wird zwischen das Präparat und das Objektiv eine Immersionsflüssigkeit mit dem Brechungsindex n eingeführt, die den wirksamen Öffnungswinkel vergrößert. Daraus leitet sich die sogenannte „numerische Apertur" NA ab, die das Produkt aus Brechungsindex und dem Sinus des halben Öffnungswinkels darstellt:

$$NA = n \cdot \sin \alpha \qquad (2.2)$$

Wie sich nun herausstellt, ist der wesentliche Parameter zur Beschreibung der Auflösung eben dieser Öffnungswinkel des Objektives. Wenn man sowohl das Zwischenbild als auch das Beugungsbild beobachtet während man diesen Öffnungswinkel verändert (es gibt Objektive, die das direkt ermöglichen), dann zeigt sich, dass im Zwischenbild das Gittermuster erst sichtbar wird, wenn der Öffnungswin-

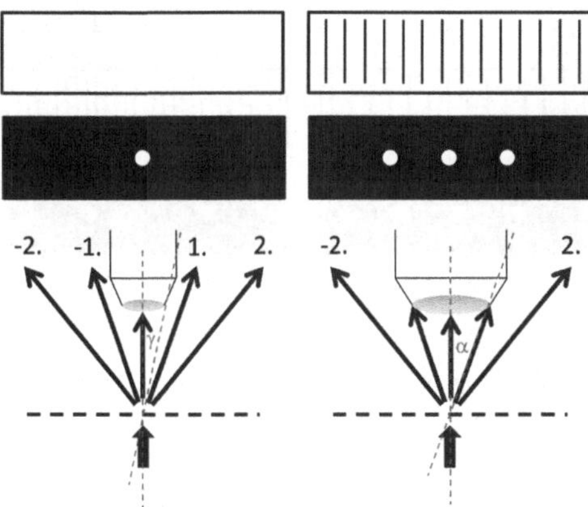

Abb. 2.4 *Links*: ein Mikroskopobjektiv, dessen Öffnungswinkel γ nur den direkten Strahl durchlässt, kann in der Zwischenbildebene das Gitter nicht darstellen. Das Bild, angedeutet durch den Streifen ganz oben, enthält keine Strukturen. *Rechts*: Nur wenn wenigstens die erste Ordnung der gebeugten Strahlen noch in das Objektiv eintreten, wird auch die Gitterstruktur im Zwischenbild sichtbar. Der Öffnungswinkel des Objektives α ist jetzt so groß wie der Beugungswinkel ξ_1. Da erste Ordnungen rechts und links der nullten Ordnung zu finden sind, zeigt das Beugungsbild drei Punkte

kel so groß ist, dass zumindest neben dem ungebeugten Licht noch die erste Ordnung hinzukommt (Abb. 2.4 rechts). Sammelt das Objektiv nur den ungebeugten Strahl, kann kein Bild entstehen (Abb. 2.4 links).

Die numerische Apertur NA muss also die erste Ordnung einschließen. Daraus ergibt sich mit Formel 2.1 und Formel 2.2 sofort:

$$n \cdot \sin\alpha \ge \frac{\lambda}{d} \tag{2.3}$$

und damit für die Grenze der Auflösung d:

$$d = \frac{\lambda}{NA} \tag{2.4}$$

Diese Grenze gilt für senkrecht auf das Gitter fallendes Licht. Wenn Lichtstrahlen schon in dem Winkel der ersten Ordnung zur Beleuchtung verwendet werden, wird auch die zweite Ordnung vom Objektiv eingesammelt (Abb. 2.5). Hier tragen nun insgesamt drei Ordnungen zur Bildentstehung bei. Da aber – wie Abbe herausfand

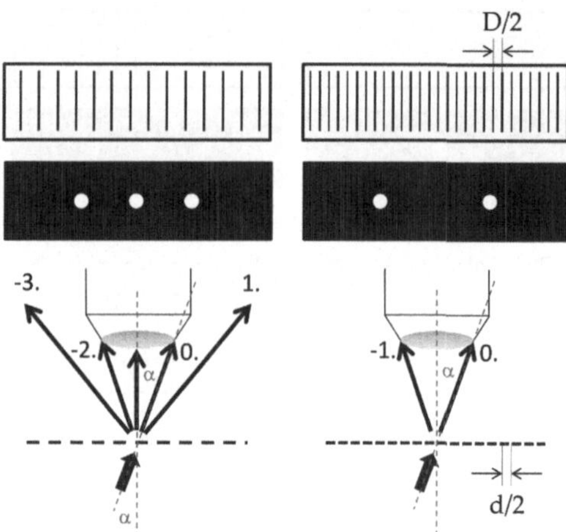

Abb. 2.5 *Links*: bei „schiefer" Beleuchtung im Winkel α kann nun auch eine zweite Ordnung in das Objektiv eintreten. *Rechts*: Da es ausreicht, zwei verschiedene Ordnungen zu sammeln, werden bei schiefer Beleuchtung auch Gitter mit der halben Gitterkonstanten noch zu Bildern zusammengesetzt. Ein Gitter mit der Konstante d/2 wird noch im Zwischenbild erkennbar. Das Beugungsbild zeigt zwei Punkte

– zwei Ordnungen ausreichen, kann der Linienabstand im Gitter halbiert werden. Umfasst die Beleuchtung eine ebenso große Apertur wie das Objektiv, dann wird die Auflösung verbessert: Der kleinste noch separierbare Abstand ist nur noch halb so groß. Daraus erhält man nun das berühmte Abbe-Limit:

$$d_A = \frac{\lambda}{2 \cdot NA} \tag{2.5}$$

In Abbes Worten, der in seiner Abhandlung jegliche Formeln vermied, liest sich das so: „… so folgt, dass, wie auch das Mikroskop in Bezug auf die förderliche Vergrößerung noch weiter vervollkommnet werden möchte, die Unterscheidungsgrenze für centrale Beleuchtung doch niemals über den Betrag der ganzen, und für äusserste schiefe Beleuchtung niemals über den der halben Wellenlänge des blauen Lichts um ein Nennenswerthes hinausgehen wird." Dabei muss ganz klar verstanden werden, dass Abbe sich auf das in seiner Zeit bekannte Instrument der Lichtmikroskopie bezog. Er hat nicht behauptet, dass niemals andere Mittel gefunden werden könnten, die eine höhere Auflösung erlauben.

Ähnliche Schlüsse hat auch Hermann Helmholtz (1874) wenige Monate später veröffentlicht. Helmholtz bestätigt die von Abbe gefundenen Zusammenhänge und liefert dazu noch eine mathematische Ableitung.

2.2 Leuchtende Punkte

Die vorangegangenen Betrachtungen beziehen sich auf Gitterstrukturen im Durchlicht (Transmission) oder Auflicht (Reflexion). Von den zwei Dimensionen der Ebene wurde eine Dimension verschwindend klein gemacht. Eine andere Möglichkeit ist, beide Dimensionen sehr klein zu machen – dabei ergibt sich ein dimensionsloser Punkt. Solche Punkte waren schon sehr früh Gegenstand optischer Untersuchungen: Mit der Erfindung des Teleskopes wollte man sich natürlich auch die Sterne näher ansehen. Vermutlich waren die frühen Teleskopiker enttäuscht, weil nur wenige Objekte am Himmel in Unterstrukturen aufgelöst werden konnten. Die Sterne stellten sich beharrlich immer im gleichen Muster vor: ein helles Scheibchen mit nicht immer gut zu erkennenden konzentrischen Ringen, wie in Abb. 2.6 links zu sehen ist. George Biddell Airy (1835) hat die Entstehung dieses Musters mathematisch beschrieben. Es entsteht durch die Beugung des von einem Punkt ausgehenden Lichtes an einer kreisförmigen Öffnung – in Airy's Fall am Objektiv eines Teleskopes. Dieselben Betrachtungen gelten aber auch für die Frontlinse eines Mikroskopobjektives. Hier wird die Beugung eines im Präparat kohärent strahlenden Punktes an der Objektivpupille betrachtet. Seit der Erforschung der Fluoreszenz gibt es solche Punkte. Und es ist der Verdienst von William Esco Moerner (1989), solche einzelnen mikroskopischen Glühwürmchen erstmals nachgewiesen zu haben, weshalb er 2014 den Nobelpreis für Chemie bekam.

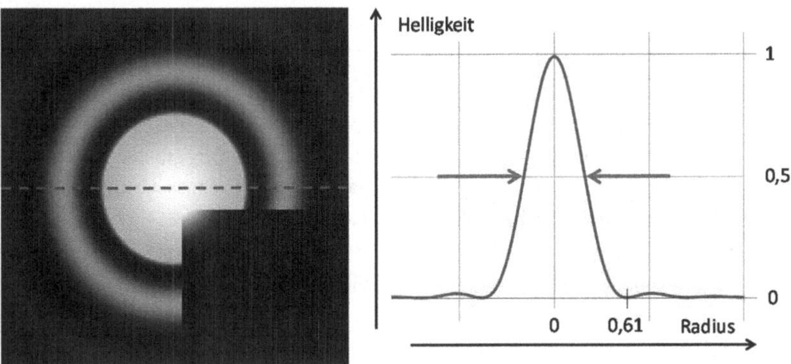

Abb. 2.6 *Links*:das Beugungsmuster, Helligkeitsverteilung im Bild eines leuchtenden Punktes. Die innere Zone ist das „Airy-Scheibchen", umgeben von konzentrischen Ringen. Damit die Ringe sichtbar werden, ist die Helligkeit stark verzerrt. Die wirklichen Verhältnisse sind im Insert rechts unten wiedergegeben. *Rechts*:Profil durch die Mitte des Beugungsmusters, skaliert auf das Maximum. Die erste Nullstelle findet sich im Abstand 0,61 vom Maximum. Der mit Pfeilen markierte Abstand ist die Halbwertsbreite

Abb. 2.7 Helligkeitsverteilung der Beugungsmuster zweier leuchtender Punkte. Der Abstand der Punkte in diesem Beispiel entspricht hier dem Rayleigh-Kriterium

Beim Blick ins Mikroskop sieht man also statt einer punktförmigen Lichtquelle, beispielsweise einem einzelnen fluoreszierenden Molekül, ein Beugungsmuster, das durch die Mikroskopoptik vergrößert erscheint. Zurückgerechnet in die Ebene des Präparates wäre der Durchmesser des Beugungsscheibchens

$$D = \frac{1,21 \cdot \lambda}{NA} \tag{2.6}$$

Dabei ist λ die Wellenlänge des ausgesandten Lichtes und NA die numerische Apertur. Die Zahl 1,21 kommt aus der Berechnung des Beugungsintegrals für kreisförmige Pupillen. Wie man sieht, werden die Beugungsmuster mit längerwelligem („röterem") Licht immer größer und mit zunehmender Öffnung immer kleiner. Die Frage nach der optischen Trennbarkeit zweier Objekte kann also umformuliert werden: Wie nahe dürfen sich zwei Punkte im Präparat kommen, wenn ihre Beugungsmuster eben noch getrennt wahrgenommen werden sollen?

Zur Beantwortung dieser Frage kann man die Beugungsmuster zweier Punkte berechnen und überlagern. Da beide Punkte unabhängig voneinander strahlen, ist diese Überlagerung sehr einfach: Man muss nur die Helligkeiten für jeden Bildpunkt zusammenzählen.

In Abb. 2.7 ist so eine Überlagerung dargestellt. Berechnet man ein Profil entlang der Achse, die beide Mittelpunkte verbindet, erhält man Kurven, wie sie in Abb. 2.8 zu sehen sind. Liegen beide Punkte direkt übereinander (Kurve a, blau), dann wirkt diese Überlagerung wie genau ein Punkt mit doppelter Helligkeit.

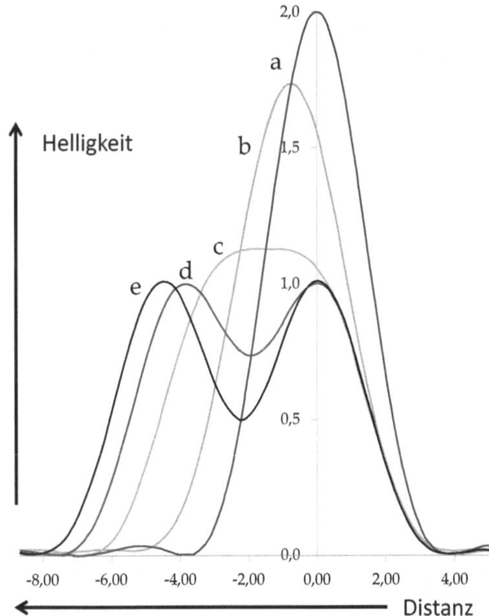

Abb. 2.8 Intensitätsprofile zweier punktförmiger selbstleuchtender Objekte in unterschiedlichen Abständen. Einzelheiten siehe Text

Wenn der zweite Punkt vom Mittelpunkt der ersten Beugungsfigur abrückt, findet man zunächst ein Muster, das auch nur ein helles Scheibchen in der Mitte aufweist. Das ist jetzt aber nicht mehr kreisrund und der „Berg" hat im Profil weniger steile Flanken (Kurve b, grün).

Entfernt man die Punkte noch weiter voneinander, findet man eine Stelle, wo aus dem Berg ein Hochplateau wird. Über eine gewisse Strecke ist die Helligkeit also konstant (Kurve c, gelb). Ab hier, so könnte man formulieren, wird ersichtlich, dass es sich um zwei Punkte handeln muss. In der Tat verwendet man diese Situation auch als eine Definition für die Auflösungsgrenze und nennt sie „Sparrow-Limit", nach Carroll Mason Sparrow (1916), der es „undulation criterion" nannte. Bei noch größerer Entfernung findet man zwei Berge und dazwischen ein Tal, die Kurve wird wellig, sie „unduliert". Es gibt Kritiker, die behaupten, dieses Kriterium sei nun gar kein Auflösungskriterium, sondern ein Nicht-Auflösungskriterium, weil ab hier zwei Punkte zu einem Punkt verschmelzen. Dabei ist offensichtlich, dass die Grenze der Auflösung natürlich identisch ist mit der Grenze der Nicht-Auflösung, weshalb diese Kritik das Sparrow-Limit bestätigt.

Noch größere Distanzen führen zu immer tieferen Tälern. Ein sehr häufig benutztes Kriterium ist erfüllt, wenn der zweite Punkt genau in die erste Nullstelle des Beugungsmusters des ersten Punktes zu liegen kommt (Kurve d, rot). Das Tal ist dann etwa $3/4$ der maximalen Intensität. Dieser Zustand wird „Rayleigh-Limit" genannt, zu Ehren von John William Strutt, später Baron Rayleigh (1879). Für das Rayleigh-Kriterium findet man direkt aus Formel 2.6:

$$d_R = \frac{0,61 \cdot \lambda}{NA} \tag{2.7}$$

Das in der Abb. 2.7 dargestellte Beugungsmuster für zwei Punkte entspricht diesem Fall.

Es gibt noch weitere Versuche, hier die korrekte oder wenigstens eine sinnvoll erscheinende Lösung zu finden. So beschreibt das Dawes-Kriterium einen Abstand, den er aus Doppelstern-Beobachtungen durch viele verschiedene Beobachter abgeleitet hat. Es ist damit ein empirisches Kriterium, das seine Berechtigung aus der von „Versuchspersonen" beantworteten Frage schöpfte: „Kann man zwei Sterne sehen oder nur einen?" Ebensogut kann man natürlich auch definieren, dass zwei Punkte dann getrennt sind, wenn das Intensitätsminimum dazwischen gerade dem halben Wert eines einzelnen Punktes im Maximum entspricht (Kurve e, schwarz).

2.3 Halbwertsbreite

Da sich das Beugungsmuster eines Punktes an einer runden Blende immer als die Verteilung nach dem Airy-Muster darstellt, kann man auch dieses Muster selbst für ein Kriterium heranziehen. Es zeigt sich, dass ein einfach zu bestimmender Parameter – die Halbwertsbreite – sehr gut in die Reihe der schon zitierten Kriterien passt. In Abb. 2.6 ist die Halbwertsbreite durch die zwei Pfeile im Helligkeitsprofil eingezeichnet. Es ist also die „Dicke" des Scheibchens an der Stelle, an der die Intensität auf 50 % der höchsten Intensität im Zentrum abgesunken ist. Es lässt sich ausrechnen, dass für diese Halbwertsbreite d_H gilt:

$$d_H = \frac{0,51 \cdot \lambda}{NA} \tag{2.8}$$

Wie bei Abbe, Rayleigh und den vielen anderen Kriterien findet man eine einfache Abhängigkeit von der Wellenlänge und eine umgekehrte Abhängigkeit von der numerischen Apertur des Objektives. Der Vorteil der Halbwertsbreite (engl. „full width half maximum", fwhm), liegt darin, dass man sie bequem in einem Bild messen kann. Das ist für die anderen Kennzahlen nicht ohne weiteres möglich.

Zur Bestimmung der Halbwertsbreite reicht es, ein Detail im Bild herauszugreifen, von dem man annehmen kann, dass das dahinter liegende Objekt kleiner ist als die Auflösung. Dann lässt man sich von einer handelsüblichen Software ein Intensitätsprofil durch dieses Objekt graphisch darstellen, findet das Maximum und die Nulllinie und kann dann sehr schnell in der Mitte zwischen beiden die Breite des Profils ausmessen. In der Regel wird diese Messung etwas über den Werten der bestmöglichen Auflösung liegen, da auch die feinsten Strukturen doch immer eine endliche Ausdehnung haben, die man nur vermuten, aber nicht wissen kann. Dennoch ist die gemessene Halbwertsbreite dann immer eine gute untere Grenze für die Auflösungskraft des Gerätes unter den gegebenen Bedingungen.

2.4   Was stimmt nun?

Wir haben jetzt drei sehr ähnliche Formeln für die Auflösung. Dazu gibt es noch eine Reihe weiterer Kriterien, die nochmals andere Zahlen liefern. Man könnte nun etwas kalauern und einfach den Mittelwert aus den drei verschiedenen Beiwerten berechnen. Am sinnvollsten scheint aber, einen möglichst einfachen Wert zu suchen, der in der Nähe dieser Zahlen liegt. Und da bleibt natürlich die Zahl 2. Darum soll Formel 2.5 als die Grenze der Auflösung in der klassischen Lichtmikroskopie gelten. Da das menschliche Auge nicht unter 400 nm sehen kann, und die Aperturen nicht sehr viel über 1 hinausgehen (sie bleiben typischerweise unter 1,5), liegt die Grenze der Auflösung somit bei ca. 1/5000 mm.

Diese Zahl ist wirklich im Sinne einer Grenze zu verstehen. Es gibt ja noch andere Parameter, die die Wahrnehmbarkeit beeinträchtigen. Beispielsweise sind Bilder immer in einem gewissen Grade „verrauscht", schon deshalb, weil Licht nicht in beliebiger Menge zur Verfügung steht. Dazu kommen noch systematische Abbildungsfehler der Optik, die nicht immer korrigiert werden, und – im schlechten Falle – Fehler der Bauteile. Auch der Kontrast ist ein wichtiges Kriterium, sehr kleine Strukturen vor einem sehr hellen Hintergrund können nicht wahrgenommen werden, selbst wenn die Optik die Auflösung bieten würde. Wenn all diese Faktoren die Bildentstehung nicht beeinträchtigen, dann kann man die Grenze der optischen Auflösung erreichen. Bei sehr guten Geräten und sehr guten Verhältnissen kommt man in der Praxis tatsächlich an Sonntagen bis zu etwa 140 nm.

Aus der Diskussion wird auch klar: Die Auflösungsgrenze in Form einer absoluten Zahl folgt nicht aus einem Naturgesetz. Es handelt sich vielmehr um eine Konvention. Wir einigen uns darauf, dass zwei Punkte nicht mehr getrennt werden können, wenn ihr Abstand d kleiner wird als $\lambda/2 \times NA$. Weil das bequem, praktisch und einfach zu messen und zu vergleichen ist.

Es war natürlich eine Herausforderung, diese Grenze doch irgendwie überschreiten zu können, und es hat sich daraus ein zumeist sportlicher Wettbewerb ergeben. Einige neuere Mikroskopie-Arten können bessere Auflösung mit Licht anbieten als die klassische Lichtmikroskopie. Dazu gehören etwa die konfokale Mikroskopie, Bildrestaurationsverfahren, strukturierte Beleuchtung und so seltsam klingende Verfahren wie „Optische Photonen-Neuzuordnungsmikroskopie". Diese Methoden erlauben eine etwas höhere Auflösung als die unbewaffnete Lichtmikroskopie. Aber sie verbessern nicht über eine Halbierung des nötigen Abstandes hinaus.

Das „Dogma" der halben Wellenlänge hielt etwa 120 Jahre, dann veröffentlichte Stefan Walter Hell 1994 einen Vorschlag, wie man theoretisch beliebig fein auflösen, die „beugungsbegrenzte Auflösung knacken" kann. Und zwar mit sichtbarem Licht und auch nicht nur an der Oberfläche des Präparates. Freilich heißt das nicht, dass Abbe unrecht hatte. Die super-hochauflösenden Verfahren sind ja nicht gewöhnliche Lichtmikroskope. Und so, wie man nicht mit dem Motorrad beim 100 m-Lauf antreten darf, wäre es auch nicht korrekt, wollte man die großen Leistungen der alten Mikroskopiker und Teleskopiker in Frage stellen. Deren Einsichten und Formeln sind nach wie vor gültig.

Mikroskopische Glühwürmchen 3

Da wir oben über leuchtende Punkte sprachen, soll zunächst ein super-hochauflösendes Verfahren beschrieben werden, das zwar etwas jünger ist, sich aber unmittelbar einzelner Punktemitter bedient und deshalb direkt an Rayleigh und Kollegen anschließt.

3.1 Aufregung um Abregung

Der Nobelpreis 2014 in Chemie wurde vergeben „for the development of super-resolved fluorescence microscopy". Was ist Fluoreszenz, und wie wird sie normalerweise in der Mikroskopie angewendet? Das ist eine lange und interessante Geschichte, aus der hier nur das Nötigste erwähnt werden soll.

Licht kann mit Materie auf drei grundsätzliche Weisen in Wechselwirkung treten (vgl. Abb. 3.1):

a) Absorption: Ein Lichtquant (z. B. blau) wird „verschluckt". Dabei wird der Elektronenhülle des absorbierenden Moleküls oder Atoms Energie zugeführt. Man nennt diesen Vorgang auch „Anregung". Im Diagramm ist das als Übergang von einem energetisch niedrigen „Grundzustand" G in einen energetisch höheren „Erregungszustand" E wiedergegeben. Diese Zustände haben noch Feinstrukturen, die Schwingungszustände genannt werden.

b) Spontane Emission: Ein angeregtes Molekül gibt seine Energie in Form eines Lichtquants ab (z. B. grün) und geht in den Grundzustand über. Die Emission ist mit einer Abregung des Moleküls verknüpft. Dieser Übergang ist stochastisch und kann nicht vorhergesagt werden. Es gibt nur eine Wahrscheinlichkeitsver-

© Springer Fachmedien Wiesbaden 2016
R. T. Borlinghaus, *Unbegrenzte Lichtmikroskopie,* essentials,
DOI 10.1007/978-3-658-09874-2_3

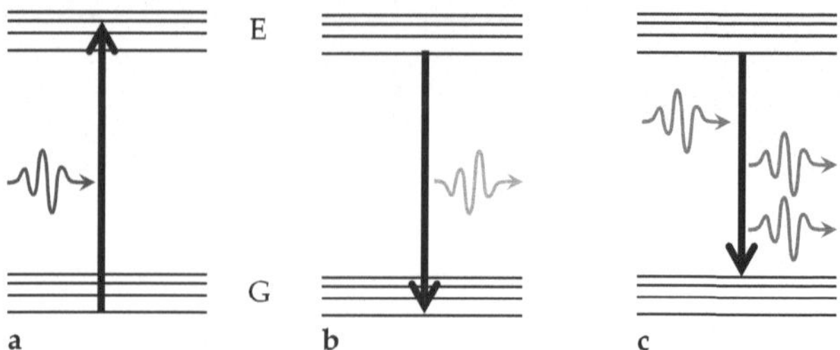

Abb. 3.1 Grundlegende Möglichkeiten der Wechselwirkung zwischen Licht und Materie. Spontane Absorption, Spontane Emission und Stimulierte Emission. Erläuterungen im Text

teilung für die Dauer des angeregten Zustandes, ähnlich wie die Halbwertszeit bei radioaktiven Stoffen.

c) Stimulierte Emission: Ein „geeignetes" Photon tritt mit dem angeregten Zustand in Wechselwirkung. Dies löst die Rückkehr des angeregten Zustandes in den Grundzustand aus, wie bei einer gespannten Mausefalle. Dabei wird zusätzlich zum auslösenden Lichtquant noch ein zweites Photon ausgesandt, das genau die gleichen Eigenschaften wie das auslösende hat. Das Licht dieser Qualität wird also verdoppelt (verstärkt). Dieses Prinzip verwenden LASER (Light Amplification by Stimulated Emission of Radiation).

Ein fluoreszierendes Molekül kann mit hinreichend energiereichen Photonen angeregt werden und nimmt dann sofort den tiefsten Schwingungszustand in E an, wobei die überschüssige Energie als Wärme an die Umgebung abgegeben wird. Nach einer stochastischen Wartezeit fällt das Molekül in den Grundzustand zurück und gibt dabei ein Lichtquant ab. Die charakteristische Zeit für den angeregten Zustand nennt man etwas schludrig: „Fluoreszenz-Lebensdauer". Sie beträgt meist zwischen einer und zehn Nanosekunden. Da bereits etwas Energie als Wärme abgegeben wurde, ist die Energie des emittierten Photons geringer. Das Emissionslicht hat eine längere Wellenlänge (ist „röter") als das Anregungslicht. In Abb. 3.1 ist das durch ein blaues Photon bei der Anregung a) und ein grünes Photon bei der spontanen Emission b) angedeutet.

Dieser Vorgang kann so lange wiederholt werden, wie passendes Anregungslicht eingestrahlt wird, und das Molekül noch intakt ist. Chemie findet ja in der Elektronenhülle statt, und eine Anregung dieser Elektronenhülle macht das Molekül anfällig für allerlei chemische Reaktionen, insbesondere Zerfallsreaktionen. Wir stellen uns bei den weiteren Betrachtungen der Einfachheit halber unsterbliche Moleküle vor.

3.2 Bilder einer Anregung

Wenn wir nun gedanklich fortschreiten und annehmen, wir hätten ein einzelnes fluoreszierendes Molekül, das wir in die Fokusebene unseres Mikroskopes bringen und mit Anregungslicht beleuchten, dann wird dieses Molekül, von dem wir zusätzlich annehmen, dass es seinen Ort während der ganzen Messung beibehält, von dieser Stelle Photonen emittieren, deren Farbe von der des Anregungslichtes verschieden ist. Mit einfachen Farbfiltern können wir die Anregung und die Emission voneinander trennen. Wir haben also ein mikroskopisches Glühwürmchen, dessen Licht wir beispielsweise mit einer Kamera auffangen können. Ist es also doch möglich, einzelne Moleküle zu sehen?

Das Licht des mikroskopischen Glühwürmchens wird so abgebildet, wie es oben für punktförmige selbstleuchtende Objekte beschrieben ist. Der Durchmesser eines solchen Moleküls liegt ganz grob bei etwa einem Nanometer; das ist etwa tausendmal kleiner als die Wellenlänge des benutzten Lichtes. Deshalb sehen wir nur das Beugungsbild, eine Punktverwaschungsfunktion in der Größenordnung von 1/5000 mm, was wir als Auflösungsgrenze gefunden hatten. „Sehen" können wir die Moleküle also nicht. So wenig, wie wir einen Stern wirklich sehen können (außer der Sonne). Wir können nur ein verwaschenes Beugungsmuster wahrnehmen, auch in einem noch so schönen Sternenhimmel. In romantischen Nächten ist es natürlich angemessen, von den Sternen zu reden, die man sieht. Im strengeren Sinne der Bildgebung können wir aber nichts auflösen und sehen demnach nur einen Beugungsmusterhimmel (und im Mikroskop kein Molekül).

Betrachtet man ein fluoreszierendes Präparat im Mikroskop, (Abb. 3.2) dann findet man leuchtende Strukturen. Diese Strukturen stammen aus sehr vielen Molekülen, viele Millionen oder gar Milliarden Moleküle senden Licht aus. Diese Moleküle sind aber nicht gleichmäßig im Präparat verteilt, sonst würde man nur einen gleichmäßig hellen Hintergrund sehen. Natürliche ungleiche Verteilungen, etwa in Pflanzen oder in Mineralien, ergeben direkt sehr schöne Fluoreszenzbilder – strahlende Strukturen auf einem schwarzen Hintergrund. Um dieses Phänomen für die biomedizinische Forschung nutzbar zu machen, ist es gelungen, eine ganze Reihe verschiedener Methoden zu entwickeln, die Moleküle spezifisch an jene Strukturen anheften, die man untersuchen möchte. Beispielsweise gibt es Moleküle, die – gibt man sie auf ein biologisches Präparat – von ganz alleine sich in bestimmten Strukturen anreichern. Sehr bekannt sind solche Färbungen für die DNA im Zellkern, etwa die klassische „DAPI-Färbung" und andere. Nachdem künstliche Farbstoffe hergestellt werden konnten, war man auch bald auf der Suche nach spezifischen Färbungen für Gewebearten, für Zellbestandteile und anderes, womit die Gewebelehre, die Histologie eine weitreichende Befruchtung erfuhr. Schlag-

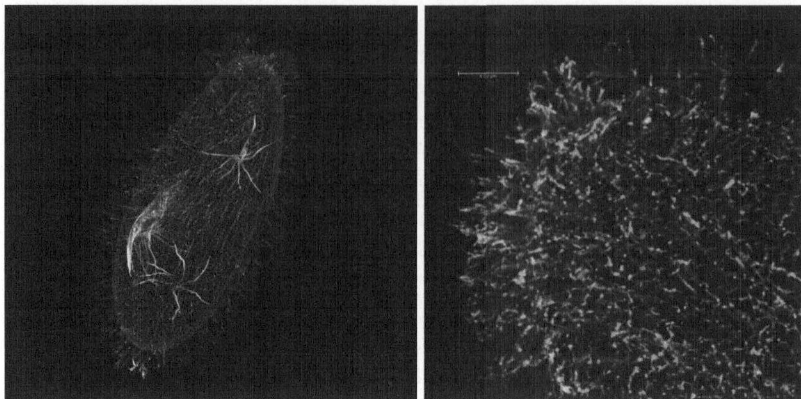

Abb. 3.2 *links:* Dreifarbiges Fluoreszenzbild eines Pantoffeltierchens von ca 0,15 mm Länge. Dies sind einzellige, frei lebende Organismen, bedeckt mit beweglichen Organellen, den Zilien. In *blau* das Epiplasma, eine Schicht von Proteinen, die die Zelloberfläche in Form halten In *grüngelb* die „Mikrotubuli", Bündel von Polymeren, die die Struktur von Organellen stützen (Zellmund, Osmotische Kanäle und Zilien). In *rot*: Mikrotubuli der Zilien. Projektion eines Bildstapels (60 optische Schnitte) aufgenommen in drei Farbkanälen mit einem konfokalen Weißlicht-Laser-Rastermikroskop (Leica TCS SP8X. Präparat freundlicherweise zur Verfügung gestellt von Dr. Anne Aubusson-Fleury, CGM/I2BC Bat 26, CNRS UMR 9198 Gif sur Yvette (Frankreich), *Rechts:* Dasselbe Präparat in stärkerer Vergrößerung. Man sieht an die Zusammensetzung der Zilien aus unterschiedlichen Proteinen (an der Spitze grün gefärbt). Der Maßbalken ist 8 Mikrometer lang (Da gedruckte Exemplare nur in schwarz/weiß möglich sind, ist dieses Bild unter www.springer.com auf der Produktseite dieses Buches in Farbe verfügbar.)

artig vervielfacht hat sich der Anwendungsbereich, nachdem man lernte, Fluoreszenzfarbstoffe an kleine DNA-Partikel zu heften, die sich dann „in situ" an die Zell-DNA anlagern. So war es möglich, ganz bestimmte Punkte auf der DNA zu lokalisieren. Mit solchen Methoden gelingt es beispielsweise, Gendefekte an Embryonen sehr früh nachzuweisen. Ebenso erfolgreich ist auch die Immun-Färbung, wo man nach demselben Schema Fluoreszenzmoleküle mit Antikörpern verbindet, die dann mit ihrer sehr hohen Spezifität an ganz bestimmte Proteine oder Zuckerketten binden.

Nochmals ein immenser Aufschwung (es ist wirklich nicht leicht, hier die Superlative wegzulassen) kam mit der Technik, die Zellen selbst fluoreszierende Moleküle bauen zu lassen, die dann mit allerlei unterschiedlichen Strukturen verknüpft werden können. Jetzt ist es nämlich möglich, lebende Gewebe, ja sogar ganze Tiere molekularbiologisch so zu verändern, dass die gewünschten Strukturen von selbst fluoreszieren, ohne dass man das Objekt kompliziert präparieren muss (und üblicherweise vorher abtötet). Man kann also dem Leben wirklich bei seinen Strukturbildungen und seinem Metabolismus von außen zusehen! Mittlerweile sind eine große Zahl solcher fluoreszierender Proteine entwickelt worden. Es gibt sie in allen Farben des Regenbogens, manche ändern auch ihre Farbe und manche kann man durch Licht an- und ausschalten, das wird später noch wichtig werden.

Ortung auf molekularer Ebene

4

Neben ihren faszinierenden Möglichkeiten in der Histologie, der Zellbiologie, in der Strukturforschung, der Genetik und für Untersuchungen im Metabolismus zeigen fluoreszierende Moleküle auch selbst dynamische Phänomene. Sie können an- und abgeschaltet werden, auf Kommando ihre Farbe ändern, auch stochastisch aktiv werden oder für eine gewisse Zeit dunkel bleiben. Das Verhalten hängt ganz von der Photophysik der Moleküle und ihren quantenmechanischen Parametern ab. Diese molekulare Eigendynamik ist der Schlüssel zur wirklichen Super-Auflösung, wo man sich Umschaltphänomene zu Nutzen machen kann.

4.1 Von ganz kleinen Fehlern

Moleküle können wir uns also nicht detailliert mit Licht anschauen. Da aber das Beugungsmuster idealerweise symmetrisch und die höchste Intensität genau im Zentrum des Licht sendenden Subjekts zu erwarten ist, lässt sich die Position des Moleküls sehr genau angeben. In Abb. 2.6 ist rechts das Helligkeitsprofil eines Punktbildes dargestellt. Es lässt sich schon ganz anschaulich erahnen, dass man den höchsten Punkt der Kurve mit einem spitzen Bleistift ziemlich gut markieren kann. Die Auflösung dagegen unterschreitet aber nicht die Halbwertsbreite, die im gedruckten Exemplar vielleicht einen Fingerbreit ausmacht.

In Abb. 4.1a ist nochmal das schon bekannte Beugungsmuster dargestellt. Das ist das Bild des von uns gedachten Fluoreszenzmoleküls, von dem wir annehmen, wir wüssten ganz exakt, wo es sich befindet. Die Position können wir dann mit zwei Zahlen, nämlich den x- und y-Koordinaten angeben. Dieses Muster ist berechnet und die Helligkeit ist zur besseren Darstellung nichtlinear angepasst. Das Zentrum ist in der Mitte des Bildes durch ein rotes Kreuzchen eingezeichnet.

© Springer Fachmedien Wiesbaden 2016
R. T. Borlinghaus, *Unbegrenzte Lichtmikroskopie,* essentials,
DOI 10.1007/978-3-658-09874-2_4

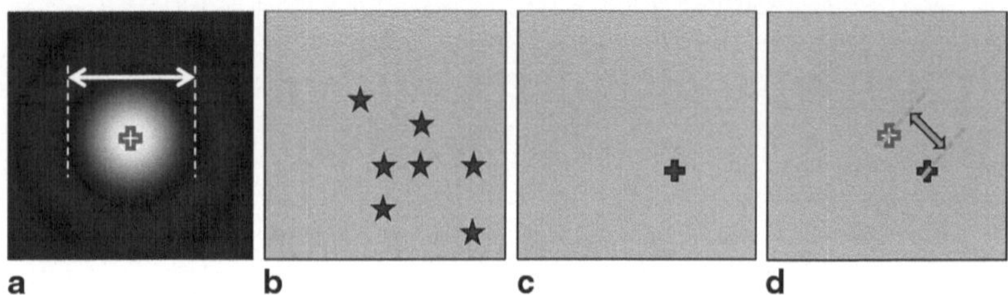

Abb. 4.1 Berechnetes Beugungsmuster (nichtlineare Intensität), das Zentrum ist mit einem *offenen* Kreuz markiert (**a**), Zufällige Positionen, an denen ein Photon gemessen wird (**b**), Aus den Positionen der einzelnen Messungen kann man die Position eines Beugungsmusters „anfitten" (**c**), Da nur begrenzt viele Messungen gemacht werden können (im Beispiel: 7), bleibt die gemessene Position ungenau. Der Fehler ist hier der Abstand vom offenen zum geschlossenen Kreuz. Er wird umso kleiner, je mehr Photonen zur Messung beitragen (**d**)

Nun beginnen wir mit der Messung. Das Mikroskop muss das Beugungsmuster ausreichend vergrößern, damit wir mit unserem Kamerachip tatsächlich auch ein Bild des Musters bekommen und nicht alles Licht in einem einzigen Bildelement nachgewiesen wird. Beobachten wir während der Messung, an welcher Stelle Photonen aufscheinen und tragen diese in die entsprechenden Koordinaten ein, so müsste sich nach sehr sehr vielen solcher Beobachtungen ein Bild ergeben, wie es in Abb. 4.1a zu sehen ist. Die Helligkeit ist dabei umso höher, je öfter wir ein Photon an einer Stelle nachgewiesen haben. Tatsächlich wird aber das Bild in unserer Kamera nicht so glatt und perfekt aussehen. Wir haben nur begrenzt Zeit zu messen, und die Fluoreszenzmoleküle gehen bei zu häufiger Beanspruchung kaputt. Zudem sind unsere Koordinaten auch viel gröber: Bildelemente der Kamera sind teuer. Wir gehen von einem sehr sparsamen Beispiel aus und nehmen an, wir hätten insgesamt nur von sieben Photonen die Koordinaten bestimmt, wie das in Abb. 4.1b angedeutet ist.

Um daraus eine Aussage über die vermutliche Position des Moleküls zu machen, müssen diese Daten „gefittet" werden. Damit ist gemeint, dass man ein simuliertes Beugungsbild durch geschicktes Ausprobieren so lange hin- und herrückt, bis die Daten am besten passen (das macht der Computer). Ein klein wenig erinnert das an ein Kinderpuzzle, wo man vier Teile eines Elefanten in geeigneter Position und Orientierung in eine Holzplatte einlassen muss, um das komplette Tier zu bekommen. Das Ergebnis dieser Fitprozedur ist in unserem Falle eine Koordinate, die beste Schätzung für die tatsächliche Position des Moleküls, die wir aus unseren Meßdaten ableiten können. Diese Schätzung ist in Abb. 4.1c eingetragen.

Es ist offensichtlich, dass wir die wirkliche Position umso besser bestimmen können, je mehr Photonen ausgewertet werden. Da die Größe des Beugungsbil-

des nur von der Wellenlänge des Lichtes, von der numerischen Apertur und der
Gesamtvergrößerung im Mikroskop abhängt, können wir diese Formel angeben:

$$d_{xy} \propto \frac{r}{\sqrt{N}} \qquad (4.1)$$

Wobei d_{xy} (vgl. Abb. 4.1d) die Unschärfe der Bestimmung der Molekülposition
angibt, r aus den optischen Parametern etwas über die tatsächliche Größe des Beu-
gungsbildes aussagt und N die Zahl der ausgewerteten Photonen ist. Die Unschärfe
wird also kleiner mit der Quadratwurzel aus der Photonenzahl, wie es bei solchen
statistischen Ereignissen zu erwarten ist. Hätte man beliebig viele Photonen zur
Verfügung, könnte auch die Positionsbestimmung beliebig genau werden. Theoretisch gibt es also keine Grenze, wie genau man die Koordinaten messen kann. Das
ist fundamental verschieden von der optischen Auflösung, die ja – wie in Kap. 2
ausgeführt – durch die Beugung unwiderruflich begrenzt ist.

4.2   Die Zeit-Lupe

Auch die zusammenhängenden Bilder, etwa in Abb. 3.2 sind freilich aus vielen
Beugungsmustern von Einzelmolekülen aufgebaut, aber sie überlagern sich sehr
dicht und wir können die einzelnen Muster nicht auftrennen (und daher auch die
Moleküle nicht lokalisieren). Die Genauigkeit wird daher durch die beugungsbegrenzte Auflösung dirigiert. Wäre es möglich, jedes Molekül genau zu lokalisieren,
dann könnte man die Koordinaten statt der eingetroffenen Photonen zum Aufbau
eines Bildes nutzen, mit der viel höheren Präzision der Positionsmessung. Wie
lassen sich die Beugungsbilder aus vielen Molekülen trennen?.

   Die Lösung bestand in der zeitlichen Trennung der Fluoreszenzmoleküle.
Dies erstmalig praktisch durchgeführt zu haben, ist das Verdienst von Eric Betzig (2006), wofür er mit dem Nobelpreis für Chemie 2014 ausgezeichnet wurde.
Die Hauptrolle spielten dabei fluoreszierende Proteine, die man durch eine kurze
Bestrahlung mit ultraviolettem Licht „einschalten" kann. Nach dem Einschalten
lassen sich diese Moleküle mit gelb-grünem Licht anregen und geben orangerotes
Licht ab. Wenn man sehr viel gelb-grünes Licht einstrahlt, werden die Molekü-
le zerstört – der Farbstoff wird gebleicht und damit wieder „ausgeschaltet". Mit
diesen Voraussetzungen wird nun folgende Aufnahmetechnik durchgeführt (vgl.
Abb. 4.2):

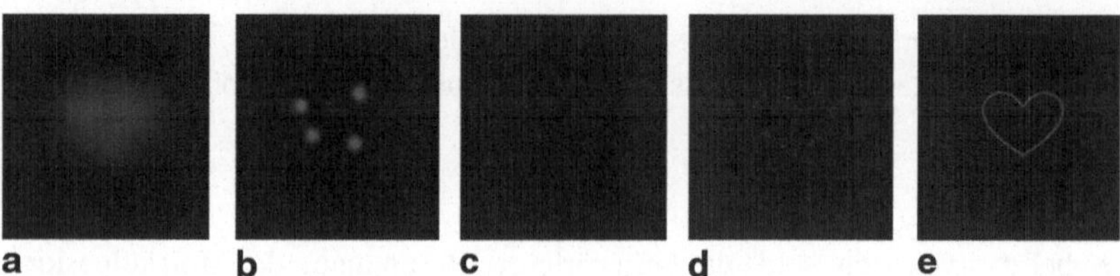

Abb. 4.2 Lokalisierungsmikroskopie am simulierten und nicht ganz so ernst zu nehmenden Beispiel aus der Kardiologie. So würde das Bild aussehen, wenn man es mit einem gewöhnlichen Lichtmikroskop aufnähme (**a**), Nur vier Moleküle sind aktiv und erzeugen voneinander getrennte Beugungsmuster (**b**), Für jedes Beugungsmuster bestimmt man durch Anfitten die vermutliche Position des fluoreszierenden Moleküls (**c**), Darnach werden die Moleküle ausgeschaltet, und eine zweite „Lage" zufällig eingeschaltet. Wiederholung der Schritte b und c führt zu immer mehr gemessenen Positionen (**d**), Nach hinreichend vielen Messungen kann man ein hochaufgelöstes Bild aus den einzelnen Koordinaten rekonstruieren (**e**)

1. Falls sehr viele Moleküle zu Beginn „eingeschaltet" sind, wird zunächst durch Bleichen dafür gesorgt, dass nur so wenige Moleküle übrig bleiben, dass man sie sicher lokalisieren kann.
2. Die aktiven, hinreichend verteilten Moleküle erzeugen trennbare Beugungsmuster, die von einer Kamera aufgezeichnet werden.
3. Intensive Beleuchtung mit gelb-grünem Licht bleicht die aktiven Moleküle. (Die inaktiven werden dabei nicht geschädigt.)
4. Durch eine kurze Bestrahlung mit ultraviolettem Licht werden gerade so viele Moleküle aktiviert, dass man sie noch sicher lokalisieren kann. Das heißt: Die Beugungsmuster sollen sich nicht überlagern.
5. Die Schritte 2. bis 4. werden so oft wiederholt, bis die vermessenen Koordinaten keine weiteren Strukturen bilden (bzw. bis keine intakten Moleküle mehr vorhanden sind).
6. Aus jedem Bild der so erhaltenen Serie (das können einige tausend Bilder sein), werden die Koordinaten durch Anfitten der im Bild aufgezeichneten Beugungsmuster bestimmt.
7. Alle so erhaltenen Molekülpositionen werden in einem neuen Bild eingetragen. Je mehr Ereignisse in einer Koordinate zu finden sind, desto heller ist das Ergebnisbild an dieser Stelle.

Die Auflösung dieses Bildes wird durch die Genauigkeit der Positionsbestimmung gegeben, die ja durch die Anzahl der gemessenen Photonen pro Beugungsbild bestimmt wird. Da theoretisch beliebig viele Photonen aufgezeichnet werden können, kann die Auflösung auch (theoretisch) beliebig groß werden; sie wird nicht mehr durch Beugungsphänomene begrenzt.

Neben dem beschriebenen Weg, Moleküle so zu verdünnen, dass man ihre Position bestimmen kann (und dabei aber hintereinander möglichst alle ursprünglich vorhandenen Moleküle zu sehen), gibt es noch eine Reihe anderer Verfahren, hier sei noch die spektrale Trennung erwähnt: Diese frühe Variante nutzt die Tatsache, dass man Beugungsmuster auch dann trennen und die Position bestimmen kann, wenn die leuchtenden Punkte unterschiedliche Farben haben. Diese Farbsegmente kann man in verschiedenen Kanälen des Aufnahmegerätes aufzeichnen und darin die Ortsbestimmung durchführen. Die Beschränkung dieser Methode liegt darin, dass üblicherweise nicht mehr als etwa zehn verschiedene Farbkanäle aufgetrennt werden können. Ein gutes Bild braucht aber einige Tausend Einzelaufnahmen.

Weniger ist mehr

5

In der Lokalisierungsmikroskopie nimmt man Bilder mit einer Kamera auf, es ist eine „Weitfeld"-Methode, da parallel das ganze Bildfeld auf einmal aufgezeichnet wird. Die Separation wird durch andere Parameter, beispielsweise durch ein- und ausschalten der Moleküle erreicht. Dazu muss dann eine Serie von Bildern hintereinander aufgezeichnet werden. Wir hatten aber schon in Kap. 2 das Rasterverfahren erwähnt, bei dem ein Bild punktweise aufgezeichnet wird. Ein mittlerweile klassisches optisches Rastermikroskop ist das Konfokalmikroskop. Mit solchen Geräten lassen sich „optische Schnitte" erzeugen, das sind Bilder, die nur aus dem scharf abgebildeten Anteil bestehen. Der unscharfe Rest aus Ebenen darüber und darunter wird auf pfiffige Art abgeschnitten. Aus „Bildstapeln" optischer Schnitte lassen sich dann die untersuchten Strukturen dreidimensional rekonstruieren und vermessen. In fast allen Fällen wird auch hier Fluoreszenz als kontrastgebendes Verfahren angewendet. Auf die Details soll hier aber nicht näher eingegangen werden. Nur soviel: Aus solch einem optischen Rastermikroskop lässt sich direkt eine Möglichkeit ableiten, beugungsunbegrenzte Bilder zu erzeugen.

Ein Rastermikroskop fokussiert Licht in einen möglichst kleinen Punkt. Dieser Punkt wird dann von links nach rechts Zeile für Zeile von oben nach unten verfahren. Parallel dazu wird das Messsignal (hier die Emission nach der Fluoreszenzanregung) in einem Bildspeicher aufgezeichnet, der synchron zeilenweise die Daten ablegt. Auf dem Bildschirm können wir uns dann das Messergebnis anschauen. Wie ein Autoreifen keine Körnchen der Asphaltoberfläche wahrnehmen kann, sondern nur Strukturen, die etwa seiner Größe entsprechen, kann auch ein Rastermikroskop nur Strukturen erkennen, die wenigstens in der Größenordnung seines Raster-Sensors liegen, das ist aber der Durchmesser des kleinen Lichtunktes, der zum Rastern benutzt wird. Wir wissen bereits, wie groß dieser Punkt ist: Da die optische

© Springer Fachmedien Wiesbaden 2016
R. T. Borlinghaus, *Unbegrenzte Lichtmikroskopie,* essentials,
DOI 10.1007/978-3-658-09874-2_5

Abbildung in beide Richtungen gleichartig verläuft, ist der kleinste Punkt, mit dem man beleuchten kann, ein Beugungsscheibchen. Für eben noch sichtbares Licht also nicht kleiner als etwa 200 nm. Es nützt gar nichts, statt der parallelen Aufnahme das Objekt einfach nur abzurastern. Die Überlagerung der beugungsbegrenzten Signale liefert cum grano salis die gleiche Auflösung wie ein gewöhnliches Lichtmikroskop. Was aber, wenn es möglich wäre, diesen Punkt doch irgendwie kleiner zu machen? Die Antwort auf diese Frage hat Stefan Walter Hell (1994) gegeben, wofür er mit dem Nobelpreis für Chemie 2014 ausgezeichnet wurde.

5.1 Einstein

Um zu verstehen, wie das funktioniert, schalten wir für einen Moment den Rastermechanismus ab und leuchten mit dem Anregungsstrahl auf einen festen Punkt. Wie das Bild dann durch das Rastern entsteht, können wir uns dann später einfach dazu denken. Wir nehmen auch an, dass es sehr viele und gleichmäßig verteilte Fluoreszenzmoleküle an diesem Ort gibt. Wird nun das Licht für einen kurzen Moment eingeschaltet, können viele Moleküle angeregt werden, aber nur innerhalb des Beugungsscheibchens, also auf einer Scheibe, die ungefähr einen Durchmesser von 200 nm hat. Die Moleküle beginnen dann, langwelligere Photonen zu emittieren. Die Emission klingt mit der Fluoreszenz-Lebensdauer ab. Wenn es nun gelänge, Moleküle wieder in den Grundzustand überzuführen, *bevor* sie Fluoreszenz-Emission abgeben können, hätte man schon eine Art molekularen Radiergummi. Vielleicht ließe sich damit der Punkt verkleinern?

Wir haben in Abschn. 3.1 schon gesehen, dass es außer der Absorption und der spontanen Emission noch eine weitere Möglichkeit gibt: die stimulierte Emission, die 1917 von Albert Einstein vorhergesagt wurde. Strahlt man Licht ein, das innerhalb des Emissionsspektrums des Moleküls liegt, dann kann man eine solche Emission stimulieren. Dabei hat das emittierte Licht exakt die gleichen Eigenschaften wie das stimulierende Licht. Benutzt man zur Stimulation einen monochromen Laser, der nur eine sehr schmale Linie im Spektrum besitzt, wird auch die stimulierte Emission nur innerhalb dieser schmalen Linie auftauchen. Man kann sie also bequem von gewöhnlicher Fluoreszenz-Emission wegfiltern. Wenn man nun kurz nach der Anregung solches Licht auf den gleichen Punkt fokussiert, werden die Moleküle wieder abgeregt und der Fluoreszenzkanal bleibt dunkel. Die Anregung wird durch *ST*imulierte *E*mission „*D*epleted" (STED), also gelöscht. Der molekulare Radiergummi funktioniert.

5.2 Bagel

Dummerweise haben wir jetzt aber alle angeregten Zustände gleichmäßig gelöscht, dadurch wird der emittierende Fleck dunkler, aber nicht kleiner. Um ihn kleiner zu machen, muss der Radiergummi ringförmig sein. Statt des gewöhnlichen Beugungsmusters wünschen wir uns also ein toroides Beugungsmuster, das oft etwas salopp mit „Bagel" oder „Donut" bezeichnet wird. Und das ist gar nicht schwer zu erzeugen. Das Airy-Beugungsmuster setzt voraus, dass die kreisförmige Blende mit gleichschwingendem Licht beleuchtet wird. Wenn man dafür sorgt, dass ein Teil des Lichtes zwar noch mit der gleichen Frequenz, aber etwas zeitversetzt schwingt, dann ergeben sich andere Beugungsmuster. Dazu wird in einen Teil des Strahls beispielsweise eine dünne Glasplatte gehalten. Licht bewegt sich in Glas langsamer als in Luft, und darum hängt das durch die Glasplatte hindurchgetretene Licht etwas nach. Man kann sehr viele Effekte mit solchen „Phasenplatten" erzeugen, und es gibt unendlich viele Möglichkeiten, das Beugungsmuster im Fokus zu beeinflussen. Und tatsächlich gibt es auch Phasenplatten, die einen toroiden Fokus erzeugen (vgl Abb. 5.1). Solch eine Phasenplatte muss in den Lichtweg des stimulierenden Lasers eingebracht werden – das ist alles.

Wenn wir nun nach dem Anregungsvorgang sehr schnell hinterher einen stimulierenden Lichtblitz schicken, in einem ringförmigen Fokus, dann werden am Rand die angeregten Zustände gelöscht. In der Mitte bleiben die angeregten Zustände

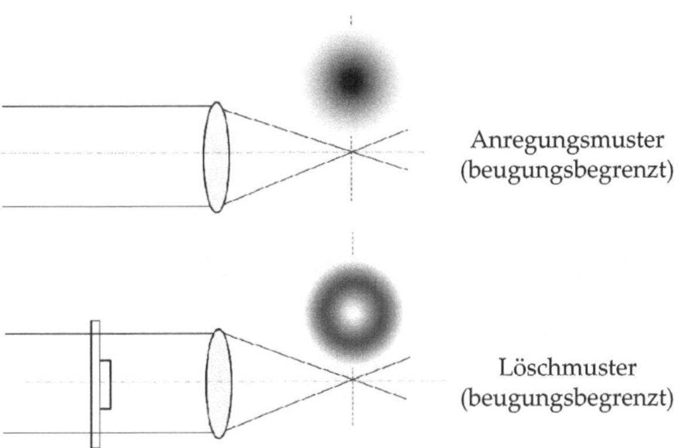

Abb. 5.1 *Oben*: das Anregungslicht wird ganz normal in einen beugungsbegrenzten Lichtfleck fokussiert. *Unten*: das STED-Licht wird durch eine geeignete Phasenplatte zu einem toroiden Muster fokussiert. Beide Strahlen werden koaxial auf die Probe abgebildet und erzeugen so einen theoretisch beliebig kleinen Fleck angeregter Moleküle, deren Emission dann aufgezeichnet wird

erhalten und geben nach einer gewissen Zeit ihre Energie als Fluoreszenzlicht ab – aus einer kleineren Fläche. So, als sei es gelungen, das Beugungsmuster zu verkleinern. Die Auflösung ist verbessert.

5.3   Nullstellen und hohe Leistung

Wie weit kann man mit so einem STED-Mikroskop die Auflösung verbessern? Abb. 5.2 zeigt drei Fälle für die Anregung, die Stimulation und die Emission im beleuchteten Fleck. In allen drei Fällen ist die Anregung dieselbe (linke Spalte). In der oberen Reihe A bleibt der Licht-Löschlaser (Löschung) dunkel. Die Anregungs-PSF wird nicht verändert, und deshalb ist auch im Ergebnis keine Verbesserung der Auflösung zu verzeichnen. In der Reihe B ist der Licht-Löschlaser zwar an, aber nur schwach. Es werden nur Moleküle am äußeren Rand der Anregungs-PSF gelöscht. Daher ist der Auflösungsgewinn mäßig, aber klar zu erkennen. Wenn man nun die Intensität des stimulierenden Lasers stark erhöht (Reihe C), erhält man trotz identischer Anregung einen viel breiteren Ring, in dem die Anregung gelöscht wird. Nach außen spielt das keine Rolle, weil ohnehin keine angeregten Moleküle mehr vorkommen. Zur Mitte hin führt die stark angestiegene Stimulation nun aber dazu, dass auch im hellen Bereich der Anregung die Moleküle wieder in den Grundzustand zurückkehren. Der verbliebene Bereich, aus dem noch Photo-

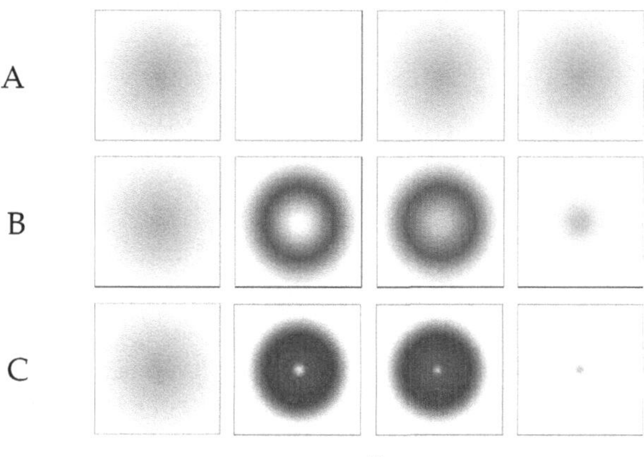

Abb. 5.2 Die Wirkung unterschiedlicher Intensität des Lösch-Lasers auf die verbleibende Fläche angeregter Moleküle, und damit auf die Auflösung. Einzelheiten siehe Text (Da gedruckte Exemplare nur in schwarz/weiß möglich sind, ist dieses Bild unter www.springer.com auf der Produktseite dieses Buches in Farbe verfügbar)

nen emittiert werden können, ist dramatisch kleiner geworden. Die Auflösung ist sehr deutlich verbessert worden.

Es spricht nun gar nichts dagegen, die Intensität des stimulierenden Lasers immer weiter zu erhöhen, wir unterstellen, dass immer stärkere Laser gebaut werden können. Solange sichergestellt ist, dass das Beugungsmuster des stimulierenden Lichtes in der Mitte eine Nullstelle hat (Baer 1994), können wir die Auflösung verbessern. Die Zahl der verbliebenen angeregten Moleküle ist ein Produkt aus der Zahl der ursprünglich angeregten Moleküle und der Dichte der Stimulations-Photonen an jeder Stelle. Wenn die Photonendichte (also die Intensität) groß genug ist, bleiben irgendwann keine angeregten Moleküle mehr übrig. In der Mitte ist diese Intensität aber Null, und Null mal irgendwas ergibt wieder Null. Daher bleibt die Zahl der emittierenden Moleküle im Zentrum immer gleich, nur der Bereich ‚drumherum' wird immer kleiner und kleiner. Die Auflösung kann (theoretisch) beliebig groß werden. Sie wird nicht mehr durch Beugungsphänomene begrenzt. Das hat Hell in einer modifizierten Abbe-Formel dargestellt:

$$d_S = \frac{\lambda}{2NA \cdot j} \tag{5.1}$$

wobei $j = \sqrt{(1+I/I_{sat})}$ monoton zur Intensität des stimulierenden Lasers ist (bezogen auf eine für jeden Fluoreszenzfarbstoff charakteristische spezifische Intensität I_{sat}). Wie man sieht, wird d immer kleiner, je höher die reduzierte Intensität j wird.

Gegenüber der Lokalisationsmikroskopie erzeugt die STED-Mikroskopie direkt in einer einzigen Aufnahme höchstaufgelöste Bilder. Es sind keine Serienaufnahmen nötig und es werden keine Berechnungen gemacht. Die Bilder entstehen also „instantan", was insbesondere für die Untersuchung lebender Objekte von Vorteil ist. Lebende Objekte sind in Bewegung. Auch äußerlich starr erscheinendes Präparate, etwa ein grünes Blatt, zeigt unter dem Mikroskop teilweise hohe Beweglichkeit innerhalb der Zellen.

In der Gruppe um Stefan Hell wurde auch versucht, einen gemeinsamen Nenner für alle die modernen Verfahren zu entwickeln, die unbegrenzte Auflösung möglich machen (Hofmann et al. 2005). Dabei stellt sich heraus, dass allen Verfahren gemeinsam ist, Moleküle zu verwenden, die geschaltet werden können. Verfahren wie STED basieren auf dem Sättigungsverhalten bei der Löschung der Fluoreszenz. Auch in einem später entwickelten Lokalisierungsverfahren (GSD: ground state depletion) wird geschaltet, um nur sehr wenige der gesamten Menge nacheinander aufnehmen zu können. Die Idee war daher, umkehrbare sättigende optische Fluoreszenzübergänge (reversible saturable optical fluorescence transitions, RESOLFT) als Voraussetzung für höhere Auflösungen als das Beugungslimit anzusehen. Im weitesten Sinne ist das richtig, wobei Verfahren wie PALM nicht-umkehrbare Übergänge benutzt und auch Fluoreszenz nicht zwingend nötig ist. Die wesentlichen Ansprüche an Eigenschaften, die man an die Moleküle (oder vergleichbare Strukturen) stellen muss, sind, dass sie irgendwie geschaltet werden können und aufgrund dieser Schaltung ein anderes Signal gemessen werden kann.

© Springer Fachmedien Wiesbaden 2016
R. T. Borlinghaus, *Unbegrenzte Lichtmikroskopie*, essentials,
DOI 10.1007/978-3-658-09874-2_6

Zusammenfassung

Ziel dieser Schrift war es, einen Einblick in die Grenzen der Lichtmikroskopie zu geben und einen Ausblick über diese Grenzen hinaus aufzuzeigen. Die neuen Verfahren bieten viel höhere Auflösung, als die klassische Lichtmikroskopie mit der Auflösungsgrenze bei etwa 200 nm. Dabei werden keine neuen optischen Verfahren eingeführt, die den Gesetzen der Beugung widersprechen. Vielmehr werden geschickt eingesetzte Eigenschaften von ausgewählten Markierungsmolekülen mit den Gesetzen der Beugung so verknüpft, dass die Auflösung beliebig hoch werden kann. Für die Wegbereitung dieser Verfahren wurde der Nobelpreis für Chemie im Jahre 2014 an die Forscher SW Hell, WE Moerner und E Betzig vergeben.

© Springer Fachmedien Wiesbaden 2016
R. T. Borlinghaus, *Unbegrenzte Lichtmikroskopie*, essentials,
DOI 10.1007/978-3-658-09874-2

Was Sie aus diesem Essential mitnehmen können

- Wie ein klassisches Lichtmikroskop aufgebaut ist
- Ein Verständnis für die Grenze der klassischen Lichtmikroskopie
- Das Verfahren der Lokalisierung und wie es hochaufgelöste Bilder erzeugt
- Die STED-Mikroskopie und ihre Vorteile

© Springer Fachmedien Wiesbaden 2016
R. T. Borlinghaus, *Unbegrenzte Lichtmikroskopie*, essentials,
DOI 10.1007/978-3-658-09874-2

Literatur

Abbe, Ernst Karl. 1873. Beiträge zur Theorie des Mikroskops und der mikroskopischen Wahrnehmung. *M. Schultze's Archiv für mikroskopische Anatomie* IX:413–468.

Abbe, Ernst Karl. 1880. Ueber die Grenzen der geometrischen Optik. Mit Vorbemerkungen über die Abhandlung „Zur Theorie der Bilderzeugung" von Dr. R. Altmann. Sitzungsberichte der Jenaischen Gesellschaft für Medicin und Naturwissenschaft, Jahrgang 1880, 71–109, Sitzung vom 23. Juli.

Airy, George Biddell. 1835. On the diffraction of an object-glass with circular aperture. *Transactions of the Cambridge Philosophical Society* 5:283–291.

Baer, Stephen C. 1994. Method and apparatus for improving resolution in scanned optical system. US Pat. 5,866,911.

Betzig, Eric, et al. 2006. Imaging intracellular fluorescent proteins at nanometer resolution. *Science* 313:1642–1645.

Einstein, Albert. 1917. Zur Quantentheorie der Strahlung. *Physikalische Zeitschrift* 18:121–128

Hell, Stefan Walter, und Jan Wichmann. 1994. Breaking the diffraction resolution limit by stimulated emission: Stimulated-emission-depletion fluorescence microscopy. *Optics Letters* 19 (11): 780–782.

Helmholtz, Hermann. 1874. Die theoretische Grenze für die Leistungsfähigkeit der Mikroskope. *Poggendorffs Annalen der Physik und Chemie, Jubelband* 557–584.

Hofmann, Michael, et al. 2005. Breaking the diffraction barrier in fluorescence microscopy at low light intensities by using reversibly photoswitchable proteins. *Proceedings of the National Academy of Sciences of the United States of America* 102:17565.

Moerner, William Esco, und Lothar Kador. 1989. Optical detection and spectroscopy of single molecules in a solid. *Physical Review Letters* 62:2535–2538

Rayleigh Strutt, John William. 1879. Investigations in optics, with special reference to the spectroscope. *Philosophical Magazine Series 5* 8 (49): 261–274.

Sparrow, Carroll Mason. 1916. On spectroscopic resolving power. *Astrophysical Journal* 44:76.

© Springer Fachmedien Wiesbaden 2016
R. T. Borlinghaus, *Unbegrenzte Lichtmikroskopie*, essentials,
DOI 10.1007/978-3-658-09874-2